DESIGN

卧室

书房

餐厅

厨房

卫浴间

全解

家装设计细节

轻图典

李江军　主编

★ 一看就懂 的 家装智慧
★ 图文并茂的实用装修轻图典
★ 剖析家居装修细节要点
　解读十大家居功能空间的设计与软装搭配知识

U0226033

机械工业出版社

CHINA MACHINE PRESS

本书总结家装设计师的优秀经验，把家装智慧传授给读者。书中精选一千多例优秀室内设计师的新装修案例，全方面囊括卧室、书房、餐厅、厨房、卫浴间功能分区，针对每个功能区的设计重点和风格表现都进行了详细的解析，让读者在欣赏精美装修样板的同时，也学习更多的家居设计知识。本书还总结了家居设计方面的诸多实用技巧，图文并茂地介绍了装修过程中的设计与施工要点，给读者提供实用的专业建议。本书是设计师开展家装设计的内容丰富的参考资料，也是家装业主了解家装、提升自己的家装品质的优质读物。

图书在版编目（CIP）数据

全解家装设计细节轻图典. 卧室、书房、餐厅、厨房、卫浴间 / 李江军主编 . — 北京：机械工业出版社，2016.7
（一看就懂的家装智慧）
ISBN 978-7-111-54101-1

Ⅰ . ①全… Ⅱ . ①李… Ⅲ . ①住宅 – 室内装饰设计 – 图
集 Ⅳ . ① TU241-64

中国版本图书馆 CIP 数据核字（2016）第 143379 号

机械工业出版社（北京市百万庄大街 22 号 邮政编码 100037）
策划编辑：赵荣　　　　　责任编辑：赵荣 时颂
封面设计：张静　　　　　责任校对：白秀君
责任印制：乔宇
保定市中画美凯印刷有限公司印刷

2016 年 7 月第 1 版第 1 次印刷
185mm×260mm·10 印张·242 千字
标准书号：ISBN 978-7-111-54101-1
定价：59.00 元

前言 preface

　　客厅的格局应如何合理规划，不同风格的客厅有哪些设计特点？卧室空间注意哪些设计重点，才能更好地提升居住品质？餐厅有哪些设计形式，如何打造一个令人心情愉快的就餐环境？玄关、过道以及休闲区等小空间应该如何利用？厨卫空间在设计时应该特别注意哪些细节，才能避免在日后使用过程中出现问题？

　　由于家装工程烦琐，很多人在设计时会忽略一些细节上的问题，有些会导致不必要的支出，有些甚至对日后居住产生影响。一个完美的家庭装修，一定要考虑室内空间的设计细节，比如空间利用、造型设计、色彩搭配、家具选择、装修施工、软装布置等。每一个环节都会影响到整体效果。

　　本系列丛书分成《全解家装设计细节轻图典一 客厅、玄关、过道、隔断、休闲区》和《全解家装设计细节轻图典一 卧室、书房、餐厅、厨房、卫浴间》两册，精选一千多例优秀室内设计师的新装修案例，全方面囊括最常见的十大家居功能区，并且针对每个功能区的设计重点和风格表现都进行了详细的解析，让读者在欣赏精美装修样板的同时，也能学习到更多的家居设计知识。此外本书还总结了家居设计方面的诸多实用技巧，图文并茂地介绍了装修过程中的设计与施工要点，给读者提供更多的专业建议。

　　参与本书编写的人员还有汪霞君、俞莉惠、谢建强、吴细香、吴丽丹、李青莲、陈从奎、周雄伟、李慧莉、陈模照、罗小政、钟建栋、贾璋、沈跃萍、林家志、叶建明、王永乐、马银炉、刘小军、徐剑、郭强、杨思荣、胡山青、张仁元等。

目录 contents

卧室
Bedroom

🏠 卧室设计重点

卧室空间布置形式

1. 在房间较小的情况下， 可以选择均衡式。把床靠一面墙摆设，余下空间设置衣柜，如果与床头相对的那面墙前方空间允许的话，还可以再摆放一组低柜或梳妆台，空间布局会比较紧凑。

2. 在房间较大的情况下， 可以选择对称式。这种布局感觉非常稳重，同时功能也比较齐全。首先找准房间的中轴线，跨线摆放床及床头柜，然后在床的一侧摆放梳妆台或写字台，另一侧摆放圈椅或小型沙发等休闲设施。与床头相对的位置还可以靠墙放置组合低柜，柜体中间放电视，以强化对称的特点。

对称式布置

均衡式布置

卧室墙面设计

1. 主卧室的背景墙面不宜装饰过重，因为主卧室中家具较多，墙壁约有三分之一的面积都被家具所遮挡，人的视线基本上都集中到了家具上面，太华丽的墙面装饰也是浪费，同时还会让空间变得烦琐，因此墙面宜做简单装饰。

2. 对于床头上方的墙壁可以区别对待，因为这片墙壁通常是比较空白的，可以作为重点稍加装饰，配合整体风格烘托出主卧室的氛围，也可以用挂画、壁灯、台灯等代替床头上方的装饰。

利用挂画装饰卧室床头墙是一个不错的选择

卧室色彩设计

　　卧室是休息睡觉的地方，所以整体色彩主要应以素雅和谐为主，营造出一个温馨宁静的睡眠环境。可以使用一个色系的颜色，尽量一致，床单、窗帘、枕套可以使用同一色系的色彩，不要使用对比强烈的色彩，比如一黑一白等，避免给人很鲜明的感觉，这样容易使大脑兴奋而不易入睡。对局部的颜色搭配应慎重，稳重的色调较受欢迎，如绿色系活泼而富有朝气，粉红系欢快而柔美，蓝色系清凉浪漫，灰调或茶色系灵透雅致，黄色系热情中充满温馨。

卧室的色彩设计以营造温馨宁静的睡眠环境为目的

卧室照明设计

　　卧室在灯光设计上一定要注意尽量采取漫射光源照明的方式，光源要尽量采取中性光，比较自然。不要在头顶放置射灯，否则容易给眼睛造成伤害。卧室床头灯的光线应该比较柔和，刺眼的灯光只会打消人的睡意，令眼睛感到不适；泛着暖色或中性色光感的灯比较合适，比如鹅黄色、橙色、乳白色等。但是注意床头灯的光线要柔和，并不是说要把亮度降低，因为偏暗的灯光会给人造成压抑感，而且对于有睡前阅读习惯的人来说，也会损伤视力。

卧室最好采用漫射光源照明的方式

环保与安全是小孩房装修的两个要点。在环保方面，小孩房最好选择实木家具，油漆和涂料应该是环保的材料；在安全方面，小孩房应尽量少用抽屉，谨防儿童被抽屉夹伤。在选购家具时，家具的边角和把手不应留棱角和锐利的边；桌椅角要尽量制成圆滑的钝角，以防尖锐的桌椅角让到处奔跑追逐的孩子撞上。

小孩房的桌椅尽量做成圆滑的钝角

老人房的设计应以简约为主，多用布艺家具，少放家电。同时，为方便老人活动，建议把大一些的空间尽量让给老人。老人房的家具尽量靠墙而立，家具的样式宜低矮，以方便他们取放物品。应选择稳定性好的单件家具，以固定式家具为首选。深浅搭配的色泽十分适用于老人的居室。如深胡桃木色可用于床、橱柜与茶几等单件家具，如寝具、装饰布及墙壁等的色泽则应以浅色为宜，使整个居室既和谐雅致，又能透露出长者成熟的气质。

老人房的设计应以简约素雅为主

🏠 卧室风格表现

卧室的设计并非一定由多姿多彩的色调和层出不穷的造型来营造气氛。大方简洁、清逸淡雅而又极富现代感的简约主义已经越来越受到人们的欣赏和喜爱了。当然，要使简约的设计风格给卧室带来轻松、温馨的家居氛围，就一定要做好整体搭配。浅色木地板、米色地毯、通透的大窗户以及素色的墙面都是极好的搭配。

简约风格卧室设计

田园风格卧室设计

　　田园风格的卧室布置较为温馨，作为主人的私密空间，主要以功能型和使用舒适为考虑的重点，多用温馨柔软的成套布艺来装点，同时在软装和用色上非常和谐统一。较为常见的是碎花墙纸与色彩淡雅的家具，让卧室呈现出非常清新自然的感觉。

欧式风格卧室设计

　　欧式风格卧室的四面墙以及吊顶、地面一般应以简洁、大方为主调，通常不适宜做所谓的造型设计。在颜色的选择上，尤要注意调和、含蓄，颜色种类不能过多过杂，大多数情况下为求整体和谐，而只选用一种颜色，如牙白色或浅暖灰色等。简洁明快的墙面配以高十几厘米左右的木制踢脚线，既实用又颇具现代审美情调。而地面一般选择木地板或纯毛地毯。如选用地毯，还要注意图案的大小、繁简，通常选择素色无花或压花地毯较为适宜。

欧式风格卧室设计

中式风格卧室设计

　　中式风格的卧室有几个典型的特色，装饰材料以木质为主，讲究雕刻彩绘、造型典雅；色彩以沉稳的深色为主，再配以红色或黄色的床上用品，这样也可以更好地表现古典家具的内涵；空间上讲究层次，多用隔窗、屏风来分割，用实木做出结实的框架，以固定支架，中间用窗棂雕花，做成古朴的图案，更具有文化韵味和独特风格，体现中国传统家居文化。

中式风格卧室设计

东南亚风格卧室设计

　　东南亚风格表现出一种自然休闲的度假风，被很多装修业主所喜爱。东南亚风格的卧室多会用到一些自然的材质，比如棉麻质感的布艺、原木色的实木等。但要注意木质装饰不宜过多，尤其是用在顶上就会显得有些压抑。此外，东南亚风格的软装也很重要，经常会用一些亮色的纱幔、靠包等来做点缀。

东南亚风格卧室设计

如何避免让卧室显得拥挤

卧室一般都比较小，而且要摆放的物品还比较多。所以经常会出现空间拥挤的问题。可以通过以下几点解决这个问题：空间布置尽量留白，即家具之间需要留出足够的空墙壁；凡是碰到顶面的柜体，尽量放在与门同在的那堵墙或者站在门口往里看时看不到的地方；凡是在门口看得到的柜体，高度尽量不要超过2.2m；摆放的装饰品尽量规格小点。比如可以选择尺寸小一些的装饰画。

布艺软包　　　　　　　石膏板造型暗藏灯带

木线条　　　　　　　　木线条走边

悬挂式书桌　　　　　　彩色乳胶漆

布艺软包　　　　　　　黑白照片组合

布艺软包 　　　　　　　　　　　　　　　　　　　　木线条走边

墙纸 　　　　　　　　　实木地板拼花

布艺软包 　　　　　　　　银镜装饰柜门

彩色乳胶漆 　　　　　石膏顶角线

布艺软包 　　　　铁刀木饰面板

石膏板挂边 彩色乳胶漆

墙纸 黑板漆

木线条装饰框刷白 布艺软包

绘玻璃移门 装饰挂件

木搁板 石膏顶角线

布艺软包   木线条装饰框   木搁板   定制书架

木饰面板装饰框刷白   石膏板造型吊顶

在大卧室中加入起居功能

　　如果卧室的面积很大,里面可以加入更多的功能,比如双人沙发、休闲椅、茶几等,中式风格则可搭配罗汉床。目前不少业主有在房间里看电视、上网办公的习惯,而一般别墅的客厅都会布置在楼下,卧室在楼上,这样会对生活造成些许不便,如果把起居的一些功能加入卧室,既方便又气派。

布艺软包　　　　　　　　金色镜面玻璃踢脚线

入墙式收纳柜　　　　　　　　　　墙纸

银镜　　　　　布艺软包

白色护墙板　　布艺软包

彩色乳胶漆　　　　　　　　　　　　　　　　　　布艺软包

啡网纹大理石拓缝　　　　　　橡木饰面

布艺软包　　　　　石膏板造型暗藏灯带　　　　石膏板装饰梁　　　　布艺硬包

布艺硬包　　　　　　　　　　　　　　　　　　　　金色花朵装饰挂件

墙纸　　　　　　　　　　　　银镜

布艺软包　黑色烤漆玻璃

镜雕花　　布艺软包

墙纸　　　　　　　　　　黑檀饰面板

石膏浮雕　　　　　　　　　　　墙纸

杉木板吊顶刷白　　彩色乳胶漆　　　　石膏板吊顶暗藏灯带　　　　　木质踢脚线刷白

灰镜装饰吊顶槽　　　木质护墙板　　　　皮质软包　　　　　　木线条装饰框刷白

石膏板凹凸造型暗藏灯带　　　　挂珠帘　　　　　　石膏顶角线　　　木搁板

木板装饰背景刷白　　　　　　　　　　　　　　　　石膏板吊顶暗藏灯带

布艺软包　　　　　　　　　　　　　木线条造型刷白

白色护墙板　　　　　　皮质软包　　　　木线条收口　　　皮质软包

木花格贴银镜　　　布艺软包　　　　　　　　　　墙纸　　　　　　装饰

卧室家具的合理布置

卧室家具中一般有床、衣柜、梳妆台、电视柜和床头柜，大一点的卧室还可以放置床尾凳，在床边的窗户下放置休闲的贵妃椅或者茶几和两张小圈椅。这些卧室家具最好风格统一，别胡乱混搭。尺寸也是必须要考虑的问题之一，在摆放家具之前先要考虑到房间和床的宽度。一般平层公寓的卧室宽度在 3300~3600mm 之间，正常床的长度约为 2050~2350mm，电视柜的宽度约为 450~650mm，再要预留出 700mm 以上的宽度做过道。

石膏板造型暗藏灯带　　　　　　实木地板

仿古砖　　　　　　　　　墙纸

蝶装饰造型搁板　　石膏板艺术造型暗藏灯带

石膏顶角线　　　　　　木搁板

彩色乳胶漆   实木地板拼人字形

布艺硬包   仿石材墙砖

皮质软包   木线条收口   墙纸   布艺软包

黑白照片组合　　　硅藻泥　　　彩色乳胶漆　　　　　　石膏板挂边

石膏板造型　　　　　　彩色乳胶漆

布艺软包　　　　水曲柳饰面板套色

装饰搁架　　　　木质踢脚线　　　硅藻泥　　　布艺软包

布艺软包　　　墙纸　　　　墙纸　　　　石膏板挂边

白色护墙板　　　　　布艺软包　　　　　彩色乳胶漆　　　　　布艺软包

银箔　　　　　白色护墙板　　　　　布艺软包　　　　　金属线条装饰框

石膏浮雕　　　　　艺术墙纸

嵌入式衣柜　　　　　　石膏板挂边

水曲柳木饰面板　　　　　　　　　　　　木搁板

墙纸　　　　　　石膏板吊顶暗藏灯带　　　白色护墙板　　皮质软包

正确摆放卧室衣柜

　　房间的长大于宽的时候，在床边的位置摆放衣柜是最多人选择的方法。在摆放的时候，衣柜最好离床边的距离大于1m，这样可以方便日常的走动。有些房间在床的两侧不好放置衣柜，可以把衣柜放置在床的对面，保证柜门与床尾之间的距离在800mm左右即可，注意在做水电线路的时候安排好电源。把电视机放置在衣柜内，最好使用平开门。

杉木板吊顶刷白　　　　　　　　墙纸

墙纸　　　　　　　　布艺软包

彩色乳胶漆　　　　　　　　墙纸

黑白照片组合　　　　　　　　木搁板

木线条打方框　　　　　　　　　　实木护墙板

木纹地砖　　　　水纹玻璃

石膏板造型暗藏灯带

墙纸　　　　　石膏顶角线

照片组合墙　　　　软木地板

木搁板　　　　　　墙纸　　　　　　　　　　　　　　定制书架　　　　　　　　　木搁板

金色镜面玻璃倒角　　　布艺软包

墙纸　　　　　　　　　　　　　　　　　　布艺软包

墙面柜　　彩色乳胶漆

嵌入式衣柜　　　　　石膏顶角线

悬挂式书桌　　　　　　　　　墙纸

艺术墙纸　　　　　金箔

卧室床头墙的色彩搭配

在床头背景墙的色彩处理上多花些心思往往可以产生突出的装饰效果。例如，可以让背景墙与其他墙面的色彩形成对比，使房间更有透视感，从而产生具有纵深感的视觉效果，使空间看起来更大，调色乳胶漆是完成这类任务的最佳角色。如果房间其他墙面均为白色，那么床头墙的色彩可以选用自己喜欢的；如果其他墙面为浅色，则床头墙适合选同色系较深的颜色。需要提醒的是，如果采用的是对比手法，由于对比色会产生比较强烈的视觉感受，建议谨慎使用。

玫瑰金不锈钢线条　　　　黑镜装饰吊顶槽

石膏板挂边　　　　　　布艺软包　　　木搁板　　　　　　墙纸

墙纸　　　　　　　　　　　　　　　　　悬挂式书桌

石膏浮雕　　　　　　　　　　　　　　　墙纸

石膏板造型暗藏灯带　　　　　　　　　　　　　皮质软包

木饰面板装饰凹凸造型　　银镜

石膏板挂边　　　　　　　　　　　布艺软包

石膏板吊顶暗藏灯带　　　　　木质踢脚线刷白

木线条走边　　　　　　　　　银镜

布艺软包　　　　　　实木护墙板

密度板雕花刷白　　　　　　木搁板

木花格　　　　　　皮质软包

布艺软包　　　　　　嵌入式衣柜

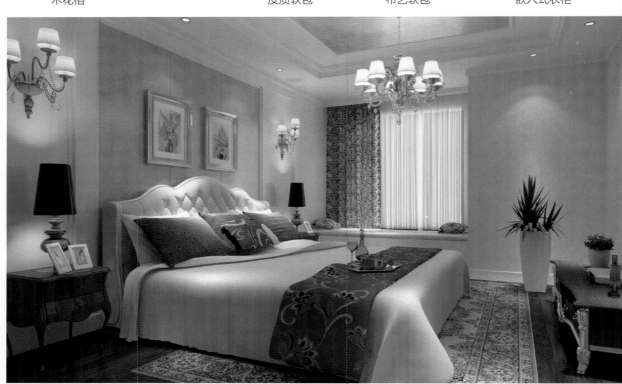

布艺硬包　　　　　　墙纸

中式卧室的吊顶设计

　　卧室里的吊顶一般都以简洁为主。做得复杂一点的中式风格吊顶可以用古典花格做一圈装饰，打造一个舒适的生活环境。简单一点的就是卧室顶部的四个角上，用花格做点缀即可。当然，中式风格卧室的吊顶还可以做得更简单，搭配自己喜爱的中式木材质，做一圈简单的顶角线，顶角线上边还可以雕刻古典的艺术图案。

墙纸　　　　　　　　　　　　　白色护墙板

木线条走边　　　　　　　　　　　　　　墙纸

金箔　　　　　　　　　　　　　皮质软包

悬挂式电视柜   白色挂镜线

嵌入式衣柜   白色护墙板

墙纸　　　　　　　　　布艺软包

石膏板造型暗藏灯带　　墙纸　墙纸　　　　彩色乳胶漆

石膏板挂边　　　　　　布艺软包　　　布艺软包　　　　　　定制衣柜

墙纸   布艺软包

地砖拼花　杉木板吊顶刷白

石膏顶角线   悬挂式梳妆台

墙纸　　　　皮质软包

墙纸   白色护墙

卧室壁灯的安装位置

　　卧室的床头安装壁灯能增加整个空间的温馨感，看书或观看电视节目也会很舒服，但是切记不能将壁灯安装在床头的正上方，这样既不利于营造气氛，也不利于安睡。安装的位置最好是在床头柜的正上方，并且建议采用单头的分体式壁灯。

银箔　　　　布艺软包

装饰银镜　　　　墙纸

灰色护墙板　　　　实木地板拼花

墙纸 仿古砖

梨花木饰面板 木花格刷灰色漆

石膏浮雕　　　　　　　　　彩色乳胶漆

布艺软包　　车边灰镜斜铺　　定制衣柜　　　　　　　　悬挂式书桌

皮质软包　　　　石膏板造型暗藏灯带　　　　　　　　布艺软包　　　车边银镜倒角

木线条造型　　　　　　　质感漆

皮质软包　　　　木花格贴银镜

木花格　　　布艺软包　　　　　　　　　　　　　　皮质软包　　　　墙纸

卧室采用软包装饰墙面

　　柔软舒适的软包床头是睡前阅读的最佳搭档。这是一种比较传统的床头装饰法，中间软包，周边为框式木制，只需选择喜爱的布料，就能获得不错的视觉效果。这种装饰法运用于欧式风格的卧室比较多，能使整个空间和谐统一，不仅美观，也很适合睡前阅读当作靠背，舒适度很令人满意。需要注意的是，软包床头多是以织物和皮面包裹，应当用沾有消毒剂的湿布经常擦洗，这样更健康。

石膏板造型　　　　　　　　　　　　　　　　　　银镜倒角

木线条密排造型　　　　　　　　　灰镜

木线条装饰框刷白　　　　　硅藻泥　　　　银色装饰挂件　　　　石膏板造型暗藏灯带

装饰挂画组合　　　　杉木板装饰搁架　　　　灰镜装饰吊顶槽　　　水洗白橡木实木地板

墙纸　　　　　　　　布艺硬包

灰镜装饰吊顶槽　　　　　　布艺软包　　　石膏板挂边　　　　　　　　　彩色乳胶漆

墙纸　　　　　　　白色护墙板　　　　　　　布艺软包　　　木花格

皮质硬包　　　　　　　　　　　　　　　　　　　　密度板雕花刷白贴银

木线条装饰框　　　　　　　　　皮质软包

木搁板　　　　　　　　　石膏装饰假梁

布艺软包　　　　　　　　石膏板造型勾黑缝

墙纸　　　　　　　　水纹玻璃

卧室床头背景中加入灯光设计

　　卧室是一个比较温馨的空间，设计床头背景时增加一些灯光，在夜晚显得很有氛围，而且也不会很刺眼。因为床头柜本来很小，如果再放个台灯会占去很多空间，很多人习惯靠在床头看书，床头柜上肯定要放几本杂志，所以床头灯可以考虑做在背景中，光带、壁灯、甚至床头小吊灯都可以。

布艺软包　　　　　　　　　　　墙纸

石膏板造型暗藏灯带　　　　　　仿古砖

银色树枝装饰挂件　　　　墙纸

木线条走边　　　　　　　真石漆

白色护墙板　　　　　　　布艺软包

木搁板　　　　　　　　　　白色护墙板

雕花玻璃　　木线条走边

布艺软包　　　　　石膏板造型暗藏灯带

布艺软包

墙纸　　　　　　　　　　白色护墙板

色护墙板　　　　　　　嵌入式衣柜

墙纸　　　　　　　　　木饰面板装饰框

木板装饰背景刷白　　　石膏板挂边

石膏雕花线　　　　　布艺软包

木格栅贴彩绘玻璃　　　　　　　　布艺软包

墙纸　　　　　　　　　白色护墙板　硅藻泥　　木线条装饰框刷白

星光墙纸　　　　　水洗白橡木实木地板　　　　仿砖纹墙纸　　　　木搁板

卧室如何选择衣帽架

衣帽架要与卧室整体相协调，最好是与衣柜等相搭配，以免显得突兀。衣帽架的材质主要有木质和金属两种，木质衣帽架平衡支撑力较好，较为常用，风格古朴，适合中式风格、新古典风格等带点古韵味的家居风格。选购时要根据要挂的衣服的数量和长度来决定衣帽架的尺寸，比如挂大衣可选择长一点的衣帽架，只挂上衣选择较短的衣帽架即可。

布艺软包　　　　　墙纸

石膏板造型暗藏灯带　　　　墙纸

石膏顶角线　　　　　　　墙纸

布艺软包　　　　石膏板造型暗藏灯带

樱桃木饰面板   藤编墙纸

石膏板造型   墙纸

布艺软包   墙面柜

墙纸   布艺软包   实木地板   石膏板挂边

布艺软包   现场制作书柜

布艺软包   磨花银镜   金箔   布艺软包

定制衣柜   墙纸   墙纸   石膏板造型暗藏灯带

实木护墙板　　　　　　　　皮质软包

布艺软包　　　　　　石膏板造型

石膏板造型暗藏灯带　　　　软木地板

装饰木梁　　装饰挂画组合

纱幔　　　　装饰挂画组合

🌸 卧室中的地毯该如何选择

　　卧室地毯可选择的品种繁多，在挑选时，应该尽量选择一些天然材质的，像纯棉、麻、纯羊毛等。虽然天然材质的地毯在耐磨度方面不如化纤地毯，但卧室毕竟不同于客厅、玄关等使用率十分频繁的地方，因此对耐磨的要求不是很高。另外，天然材质的卧室地毯脚感和舒适度方面胜于化纤材质的地毯，即使在干燥的季节，也不会产生静电，更能体现高品质的生活。

皮质软包　　　　　　　　　　石膏板造型暗藏灯带

墙纸　　　　　　　钢化清玻

石膏板挂边　　　　　　木线条装饰框刷白

墙纸 　　　　　　　　　　　　　　　　　　　　　　实木地板拼花

装饰搁架 　　　　　　　　　　　　　木线条走边 　　　　　　　木线条打方框压墙

杉木板吊顶刷白 　　　　　　　彩色乳胶漆 　　　　　　墙纸 　　　不锈钢线条收口

定制收纳柜　　　　　　　　　　　　　　墙面柜

布艺软包　　　　石膏板造型暗藏灯带　　　　　　　　　艺术墙纸　　　木线条装饰框

色护墙板　　　皮质软包　　　　　　　　　　　　　　　悬挂式书桌　　　照片组合

石膏板吊顶   布艺软包

玫瑰金不锈钢线条   木线条走边

卧室设计细节

🌸 儿童房要多留出一些空间

　　很多业主都觉得儿童房可以小一点，事实上每个家庭中成人的空间很多，有自己的书房、卧室、独立的衣帽间等，而儿童的睡眠、学习、储藏还有娱乐玩耍的功能多数都是在自己的小天地中完成，但往往儿童的房间都很小，所以建议给儿童房多留点空间，在设计的时候可以布置得更合理一些，不要按照常规思路来考虑。

布艺软包　　　　银镜　　　　　　　　　　　　　　　　皮质软包　　　彩色乳胶漆

布艺软包　　　　仿古砖　　　　　　　　　　灰镜　　　布艺软包

木饰面板装饰框　　　　　布艺软包

墙纸　　　　皮质软包

杉木板吊顶刷白　　　　　布艺软包

墙纸　　　　石膏板吊顶暗藏灯带

黑色烤漆玻璃　　　　　银镜

灰色护墙板　　　木线条装饰框刷白

石膏板挂边　　　　　装饰挂镜

石膏板造型暗藏灯带　　　　　墙纸

石膏板造型　　　　　　墙纸

木网格刷白　　　　布艺软包

石膏板造型暗藏灯带　　　　　　　　　　　　墙纸

木线条走边　　　　　布艺软包　　　　　　　　　　　　布艺软包　　　白色护墙

布艺软包　　　实木罗马柱　　　　　　　　艺术墙纸　　　布艺软包

儿童房摆放高低床

如果要满足老人照顾小孩的生活需求，儿童房采用高低床也是较好的选择，可以满足小朋友活泼好动的性格，有个梯子可以上下攀爬。但要注意的是一方面松木床具不可避免地存在着氧化的问题，颜色会逐渐变深，所以尽量避免阳光的直射，以减缓木色变深的速度；另一方面要考虑到吊顶的高度以及主灯的位置，因为在上铺时，距离顶的距离已经不是很大，再加上灯具的话会影响后期的使用。

墙纸　　　　　　　　　　　银镜

木网格刷蓝色漆　　　石膏板造型暗藏灯带

石膏板造型暗藏灯带　　　　装饰挂画组合

墙纸　　　　　　　　　　　墙纸

钢化清玻　　　　墙纸　　　　　　悬挂式书桌　　　　　　定制收纳柜

定制收纳柜　　　　　　木搁板　　　　　木搁板　　　　　　　墙纸

木地板上墙　　　　　　　　石膏板吊顶暗藏灯带

石膏板造型暗藏灯带　钢化清玻　　　　木质踢脚线刷白　　　　　　　装饰腰线

彩色乳胶漆　装饰腰线　　　　　深啡网纹大理石踢脚线　　　　　石膏顶角线

木线条装饰框刷白　　　　　　石膏板吊顶勾黑缝

杉木板吊顶　　　　　　　彩色乳胶漆　　　　　　　　木线条装饰框

墙纸　　　　　　　　　　石膏板挂边

书房 *Study*

书房设计重点

划分书房的功能格局

如果书房的空间比较充足，可以进行合理的区域划分，既能让书房变得井井有条，又能体现出主人的涵养和品位。书房按照功能格局主要分为工作区、藏书区、资料区和会客区。

工作和藏书是书房的主要功能，其中阅读和学习的工作区一般是书房中心区，主要由书桌、工作台以及工作用品等组成，在位置、采光上要给予重点处理。这个区域首先需要安静，所以尽量布置在空间的尽端，以避免对交通产生影响；其次朝向、采光和人工照明设计等都要好，此外和藏书区域的联系也要便捷。藏书区域一定要有较大的展示面，以便主人查阅。书刊、资料等物品存放的书柜是书房中的资料区，也是书房中不可缺少的组成部分。至于书柜的样式和颜色，要符合个人的审美需求，也要与整个书房的色彩相和谐。

合理划分书房的功能格局

有些书房还会根据书房的大小划出会客和接待的会客区。面积较大的书房可以专门开辟出一块地方做会客区，反之则可以和中心区连接在一起。这个区域不用布置得很复杂，主要由椅子或沙发组成即可。

合理摆设书房家具

书房的家具除书柜、书桌、椅子外，兼会客用的书房还可配沙发、茶几等。在摆设上可以因地制宜、灵活多变。

书柜摆放方式最为灵活，可以和书桌平行陈设，也可以垂直摆放，还可以将书柜的两端或中部相连，形成一个读书、写字的区域。面积不大的书房，可以沿墙以整组书柜为背景，前面配上别致的写字台；面积稍大的书房，也可以用高低变化的书柜作为书房的主调。但无论采用哪种摆放方式，都应遵循一个原则：靠近书桌，以便存取书籍、资料。书柜中还可留出一些空格来放置一些工艺品，以活跃书房气氛。

书桌摆放位置一般都选在窗前或窗户右侧，以保证充足的光线，同时可以避免在桌面上留下阴影，影响阅读或工作。而书桌上的台灯则相对灵活，可以通过调整台灯来确保光线的角度、亮度。另外，书桌上还可适当布置一些盆景、字画以体现书房的文化氛围。

有的书房有会客区，就可以摆放休息椅或沙发。沙发要选用软一些、低一些的，这样双腿能够自由伸展，得到充分的休息和放松，避免久坐的疲劳感。

书房的家具应摆设合理

书房照明设计

　　书房照明应有利于人们精力充沛地学习和工作，光线要柔和、明亮，要避免眩光。书房的主体照明可选用乳白色罩的白炽吊灯，安装在书房中央。另在书桌上设置一盏台灯作为局部照明，以供阅读和写作之用。书房中的照明高度和灯光亮度也非常重要，一般台灯宜用白炽灯，瓦数最好在 60W 左右。太暗有损眼睛健康，太亮刺眼同样对眼睛不利。

书房的灯光照明应柔和明亮

书房色彩设计

　　由于书房是长时间使用的场所，应避免强烈刺激的颜色，宜多用明亮的无彩色或灰棕色等中性颜色。家具和饰品的颜色，可以与墙面保持一致，在其中点缀一些和谐的色彩。如书柜里的小工艺品，墙上的装饰画（在购买装饰画时，要注意其在色彩上是为点缀用，在形式上要与整体布局协调）。这样可打破略显单调的环境。

白色的书房表现出清新淡雅的气息

小书房的空间是有限的，所以书桌的功能应以方便工作、容易找到经常使用的物品等实用功能为主。一般书桌的宽度在 55~70cm，高度在 75~85cm 比较合适。但如果书桌做了抽屉，那么地面离抽屉不能小于 58cm，否则会影响到双腿的舒适度。吊柜的高度离书桌的高度保持在 45~60cm 左右。

书桌做了抽屉应避免影响到双腿的舒适度

书房设计形式

书房与客厅相结合设计

首先，客厅作为会客、休闲的公共区域与书房相对安静的功能需求是相悖的，客厅一旦加入了书房功能，就需要通过隔断、横梁等来实现功能分区。其次，客厅和书房不能完全代替对方的功能，但是在设计中，书房和客厅的功能有时又是可以结合的。小面积的客厅，完全可以利用茶几、储物柜等家具来实现两种功能的合理搭配。比如，客厅的会客区可以设置得更轻松些，来客人时将它作为会客区，而无人拜访时则又能作为休闲读书区。

书房与卧室相结合设计

假如有夜间阅读的习惯，可以在卧室中设计一个书房，既可以方便睡眠，又避免了夜间惊扰家人的顾虑。但这种设计的前提是卧室面积一定要大。书房与卧室相结合设计通常有以下几种形式：

1. 独立型。书房最好设置在外间，与卧室分开，各成单独的房间，但中间有门互通，这样能有效保证家人的正常休息和使用者独立的作息。

2. 关联型。书房与卧室连为一体，中间采用隔断划分区域。这种情况需要卧室面积比较大，而且卧室中的人休息时间最好一致。

3. 一体型。喜欢卧读的人，可在床上放一个可折叠的小型书桌，方便读书时做笔记，也避免手举书间过长很累。或者在床边设计一张小书桌，双层书架悬吊于空中以节省空间，用落地灯解决夜间读书的照明之需。

书房与卧室相结合设计

书房与过道相结合设计

书房与过道相结合设计

在书房设计中，过道常常被忽略。其实，如果在面积够用的情况下，将过道的一部分变成一个书房也是完全可行的。

一般而言，如果过道是不规则的，特别是其中有一块角落的面积基本不影响通行的话，就可以将它充分利用起来。需要注意的是，在这种空间中布置书房，最好用定做的家具，而且摆放时要利用角度使视线和空间都让人觉得宽敞。

书房内增加榻榻米提高实用性

在小面积书房的设计中，如果需要功能的多样性，可将靠墙一块位置设计成榻榻米，既能满足睡觉的需求，也可充当一个玩乐区，最重要的是可以增加更多的储物空间。因为榻榻米下面需要存放物品，所以地台的高度也是非常重要的，一般高度控制在35~45cm 之间，太低存放物品有限，太高会影响空间高度，给人压抑感。

实木护栏   木线条打菱形框

墙纸   艺术墙砖

定制书柜   木纹地砖

石膏板造型暗藏灯带　　　　　　　　　　　　　　墙纸

仿古砖　　　　　　　彩色乳胶漆　　白色护墙板　　　　　杉木板造型刷白

定制书架　　石膏板造型暗藏灯带

银箔　　　　　　　　　　黑白根大理石展示架

网纹大理石踢脚线　　　　钢化清玻　　玻璃搁板　　　　石膏板挂边

石膏板造型刷彩色乳胶漆　　　　　　　　木花格刷蓝色漆

墙纸　　　　　　　　　　石膏顶角线

墙纸　　　悬挂式书桌

墙纸　　　　　　　　木搁板

定制收纳柜　　　木搁板

木质吊顶造型刷白　　　　　　　　　　　　　　　　　　嵌入式收纳柜

石膏板叠级造型　　　　　　　　　　　　　　　　　　黑白照片组合

石膏装饰假梁　　　　　　　　　　实木地板拼花

布艺硬包　　　　不锈钢艺术造型　　　悬挂式书桌　　　　木质踢脚线

书房中设计超长书桌

　　有些书房为了节约空间，需要双人使用的书桌，一般会用超长的木板来制作，但往往使用了一段时间以后会出现弯曲现象。这是因为跨度比较大，承受的重力比较大引起的。因此做超过一米以上的桌子和书架时，建议采用双层板并开槽嵌入墙内制作，以免因受重力过大产生变形。

墙面柜　　　　仿古砖

石膏板造型暗藏灯带　　　　彩色乳胶漆

石膏板造型暗藏灯带　　　　质感漆　　　　银镜倒角拼花　　　　木线条走边

牛皮地毯　　　　　　　　　　定制书架

装饰木梁　　杉木板

实木地板拼花　　　　　　石膏板造型暗藏灯带

墙纸　　　木线条走边　　　　　　木搁板　　　　　　　　墙纸

木搁板　　　　墙纸

装饰木梁　　　实木地板拼花

黑镜装饰吊顶槽   银镜

石膏板挂边   墙纸

文化石 白色文化砖

银镜 不锈钢线条装饰框

悬挂式书桌 实木踢脚线

木花格 墙纸

嵌入式书架 墙纸

成品书架　　　石膏板造型

石膏板造型暗藏灯带　　　微晶石墙砖

灰色烤漆玻璃　　　彩色乳胶漆

墙纸　　　定制书架

嵌入式书柜　　　木质踢脚线刷白

利川阳台空间设计小书房

　　很多小书房是利用阳台空间设计的，这样就很难买到尺寸合适的书桌和书柜，定做是一个不错的选择。不仅可以现场制作，也可以找工厂定制，材料也有很多种可以选择，如实木、烤漆面板和双饰面板等。要注意目前大多数人都会使用笔记本电脑，因此在排插座时建议在桌面以上的高度也预留两个插座，无论是笔记本还是手机充电都很方便。

木线条走边　　　　　　　　　　　　　　　　　　　壁画

布艺软包　　　　　　　　　　　　　　　　木线条装饰框

木质罗马柱　　　　　　　　　　　　　　　　地砖拼花

网纹大理石踢脚线　　　　　　仿古砖　　　　　　　　　　木纹地砖　　　　　　　　彩色乳胶漆

银镜　　　　　　　　　　　　　　　　　　　　　　　　　　　　白色护墙板

回纹图案木雕

石膏板挂边　　　　　　　　彩色乳胶漆

悬挂式书桌　　　　木搁板

铁艺护栏　　石膏板叠级造型

石膏顶角线　　　　定制书柜

墙纸　　　　　　　　　　　　　　　　　　　黑白根大理石

墙纸　　　　　　　　　　　石膏板造型暗藏灯带

装饰挂画组合   实木护墙板

定制书架   墙纸

利用靠窗角落设计书桌

利用角落空间把书桌设计在窗边，采光会比较好，但是需要注意的是如果书桌高于窗台，那么桌面就不能顶到窗户，否则桌面以下的窗户部分就没有办法遮挡，可以在桌面与窗户之间留出与窗帘盒同宽度的空间。

银箔　　　　　　　　　墙纸

墙纸　　　　　　　　实木地板拼花

石膏板造型勾黑缝　　　　　木花格

灰色烤漆玻璃　　　　　石膏顶角线

木线条装饰框刷白　　　　　　　　　　　　　　　　布艺软包

实木地板　　　　　　　　定制书柜　　　　　　木地板上墙　　　石膏板造型勾黑缝

石膏板造型暗藏灯带　　　　　　定制书柜　　　　　　墙纸　　　　　石膏板造型暗藏灯带

墙纸　　　　　　　　　黑白根大理石展示架

木花格贴墙纸　　　　　　　　　地砖拼花

白色挂镜线   定制书架

黑镜   木质踢脚线

墙纸   石膏板造型暗藏灯带

黑白照片墙   定制收纳柜

石膏板造型暗藏灯带   木饰面板

软木地板   玫红色烤漆面板

餐厅
Restaurant

🏠 餐厅设计重点

餐厅设计四个要点

1. 餐厅的风格。餐厅的风格是由家具决定的，所以在装修前期，就应对餐桌、餐椅的风格定夺好。其中最容易冲突的是色彩、天花板造型和墙面装饰品。

2. 餐桌的选择。餐桌的选择需要注意与空间大小配合，小空间配大餐桌或者大空间配小餐桌都是不合适的。由于购买的实际问题，购买者很难把东西拿到现场进行比较，因此，先测量好所喜好的餐桌尺寸，拿到现场做一个全比例的比较，这样会比较合适，可避免过大过小。

3. 餐桌布的选择。餐桌布宜以布料为主，目前市场上也有多种选择。使用塑料餐桌布的，在放置热物时，应放置必要的厚垫，特别是玻璃桌，有可能引起不必要的受热开裂。

4. 餐桌与餐椅的配合。餐桌与餐椅一般是配套的，也可分开选购，但需注意人体工程学方面的问题，如椅面到桌面的高度差以 30cm 左右为宜，过高或过低都会影响正常姿势，椅子的靠背应感觉舒适等。

选择适合的家具是餐厅的设计重点之一

布置舒适的就餐尺寸

1. 餐桌周围至少要留出 80cm 的空当，因为餐椅摆放需要 50cm 的间隔，人站起来和坐下时又需要 30cm 的距离。

2. 如果餐桌的高度为 70~75cm，椅子高 45cm，那么椅子面和桌面之间的距离应为 20~30cm。

3. 就餐时的高度为 60cm 左右，两人之间相隔 10~15cm 最舒服。

合理的就餐尺寸才能成就温馨舒适的餐厅氛围

独立式餐厅设计

独立式餐厅要保证便捷卫生、安静舒适。照明要集中在餐桌上面，光线柔和，色彩素雅。餐厅位置应靠近厨房，墙面上可适当挂些装饰画。餐桌、椅、柜的摆放与布置不仅要与餐厅的整个风格相统一，还要为家庭成员的活动留出合理的空间。如方形和圆形餐厅，可选用圆形或方形餐桌，居中放置；狭长的餐厅可在靠墙或窗一边放一长餐桌，桌子另一侧摆上椅子，这样空间会显得大一些。

独立式餐厅设计

通透式餐厅设计

通透式餐厅是指厨房区与餐厅区合并。这类餐厅的优点是能充分利用空间且加快用餐时的上菜速度。不过要注意的是，餐厅和厨房不能互相干扰，家庭成员在就餐时不能干扰厨房的烹饪活动，而厨房的烹饪活动也不能破坏家人进餐的气氛。建议尽量使厨房和餐厅有自然的隔断或使餐桌布置远离厨具，也可以让餐桌上方的照明灯具突出，产生一种隐形的分隔感。

通透式餐厅设计

共用式餐厅设计

很多小户型住宅都采用客厅或门厅兼做餐厅的形式。在这种格局下，餐区的位置以邻接厨房并靠近客厅最为适当。这样便可以缩短膳食供应和就座进餐的走动线路，同时也可避免菜汤、食物弄脏地板。餐厅与客厅之间的分隔可灵活处理，如可用壁式家具作闭合式分隔，用屏风、花格作半开放式的分隔，用矮树或绿色植物作象征性的分隔等。不过，这种格局下的餐厅应注意与客厅在格调上保持协调统一，且不妨碍室内通行。

共用式餐厅设计

小户型划分独立的就餐空间

有些小户型住宅并没有独立的餐厅，有的是与客厅连在一起，有的则是与厨房连在一起，在这种情况下，可以通过一些装饰手段来人为地划分出一个相对独立的就餐区。如通过吊顶，使就餐区的高度与客厅或厨房不同；通过地面铺设不同色彩、不同质地、不同高度的装饰材料，在视觉上把就餐区与客厅或厨房区分开来；通过不同色彩、不同类型的灯光，来界定就餐区的范围；通过屏风、珠帘等隔断，在空间上分割出就餐区。

小户型可以通过吊顶造型的区别划分出一个独立的就餐空间

现代简约风格餐厅设计

　　现代简约风格的餐厅主要表现在没有多余的装饰，没有任何繁复的东西，简单实用，但细腻而又韵味。在空间设计上以简单的纯几何形的组合构成手法，将点、线、面有机结合。灯光设计遵循导向性，天花板设计简洁明了，家具造型多以直线条为主。

乡村风格餐厅设计

　　充满大自然气息的乡村风格餐厅，让人更能放松心情。用张长条凳配上双人座的餐椅，再摆进一张同样风格的餐桌，并适当加入同属乡村风格的饰品，如陶罐、干燥的花草植物等带有自然气息的家饰用品，更能营造气氛。此外，棉麻材质的布品，如椅垫、抱枕、桌布等也能凸显乡村风格餐厅朴实无华的气质。

中式风格餐厅设计

在中式风格的餐厅里，古典气派的方形餐桌和温馨厚实的实木餐桌是不错的选择，当然也可选购直径一般为 1.5m 的圆形中式餐桌，较符合中国人圆满之喻义，款式尽量厚重典雅。还可选购高档深色硬包镶餐具，这样显得气韵深沉，富有浓郁东方情调。

中式风格餐厅设计

欧式风格餐厅设计

欧式风格的餐厅首先就从整体的布局构造来说，尽量是采用较为规整的方式设计，而酒吧柜台则是肯定不能少的一处景致。其次就是对于色彩的选择，尽量选择一些淡雅的色彩，使用洁白的桌布，尽力营造一种高端宁静的氛围。在家具的选择上，与硬装修上的欧式细节应该是相称的，选择深色、带有西方复古图案以及非常西化的造型家具，与大的氛围和基调相和谐。

欧式风格餐厅设计

典雅风格餐厅设计

典雅风格的大户型居室一般单独用一个空间做餐厅，在家具布置上要照顾到多人用餐的需要。长方形桌可以容纳多人就餐，如果家里举行自助餐会，还能临时充当自助餐台。橄榄形餐桌适合非正式的聚会，如果房间够宽敞并且是长方形，更可以体现出曲线之美。如果用直径 900mm 以上的圆形餐桌，虽可坐多人，但不宜摆放过多的固定椅子。

典雅风格餐厅设计

中式餐厅选择圆形餐桌

如果家里家庭成员比较多的话，可以在家里考虑使用圆形餐桌，比较实用，而且夹菜方便。但是很多公寓房中却比较难以实现这样的愿望，或者买回的餐桌尺寸不是很适合。一般公寓房的餐厅宽度是2700mm，可以购买直径1200mm左右的圆桌；如果宽度在3000mm的餐厅，可以考虑直径1350mm的圆桌。

杉木板装饰背景　　　　木纹地砖

定制餐边柜　　　　石膏板挂边

石膏装饰假梁　　　　茶镜倒角

定制餐边柜　　　　　　　　　木纹地砖

木线条密排吊顶　定制酒架

马赛克拼花　　　　　　　　金箔　　　　　　　水曲柳饰面板显纹刷白　　　　墙纸

嵌入式餐边柜　　　　　　　　　　地砖拼花

茶镜斜铺　　　　　　　　人造大理石台面

木纹地砖 艺术鱼缸

木花格 仿古砖

实木护墙板 银镜倒角

白色护墙板   彩色乳胶漆

彩色乳胶漆   茶镜

白根大理石踢脚线   石膏板造型暗藏灯带   仿古砖   茶镜

銀鏡倒角　　　　　　　　米黄大理石

石膏板挂邊　　　　　　　　墙纸　　　　　木花格　　　　　　　石膏板挂邊

餐厅设计细节

餐厅的顶面贴金箔

　　一般欧式风格的餐厅中，无论墙面、地面、家具的配置以及水晶吊灯的应用等看上去都很豪华。但如果顶面只用乳胶漆来处理，即使用再多的石膏线条围边都会觉得很平淡。建议加上一块金箔墙纸装饰顶面，看上去就会比较有立体感，也能跟整体风格相呼应，起到画龙点睛的作用。

石膏板造型暗藏灯带　　　　仿石材墙砖

彩色乳胶漆　　　　　　　米白色抛光砖

米黄大理石　　　　　　大理石罗马柱

仿古砖斜铺　　　　　　　木格栅

石膏板造型暗藏灯带 实木线制作角花

回纹图案波打线 木线条走边

装饰木梁 双色仿古砖间贴斜铺

石膏板造型拓缝 仿石材墙砖

定制餐边柜 石膏板造型

木花格　　　　　　　　　　　　　　　　　　人造大理石台面

茶镜倒角拼花　　　　　　　　　　　木线条走边

黑白根大理石踢脚线　　　　　　　　　　　　　　金属马赛克线条

墙纸　　　　　　　　　　　　　　　石膏板造型暗藏灯带

人造大理石吧台　　　木饰面板拉槽

石膏浮雕　　　　　　　　　　　　　银镜倒角斜铺

定制餐边柜　　　　　　彩色乳胶漆　　　石膏板艺术造型　　　石膏板造型暗藏灯带

定制餐边柜　　　　　　　　　　　　　　　　石膏板挂边

瓷砖波打线　　　石膏浮雕喷金漆　　　　　　　木质护墙板　　　布艺软包

餐厅现场制作卡座

　　餐厅卡座可以采用现场制作的形式，需要注意的是，卡座的高度跟一般餐椅差不多，在设计时要把后期铺的垫子厚度考虑进去，否则完成时尺寸会过高。如果卡座的靠背和坐垫采用布艺软包，坐感会比较舒服，但要考虑到后期的打理问题。所以设计上尽量考虑深一些、比较耐脏的颜色，材质也尽量选用后期可以干洗的类型，一般的高档沙发面料都可以。

橡木饰面板　　　　　　　　　　钢化清玻护栏

透光云石　　　　　　　雕花玻璃

白色护墙板　　　　　　银箔

石膏顶角线　　　　　　杉木板装饰背景刷白

仿古砖　　　　　石膏板造型暗藏灯带

小鸟装饰挂件　　　　　黑白根大理石踢脚

墙纸　　　　　仿古砖夹深色小方砖斜铺

嵌入式餐边柜　　　　　　　　　　仿洞石墙砖

艺术墙绘　　　　　灰镜　　　　　　　木地板上墙　　　　　银镜倒角

墙纸　　　　　　　　　　　　　　实木护墙板

墙纸　　　　　　　　　　　花砖波打线

仿古砖　　　　　　米黄色墙砖

定制餐边柜　　杉木板吊顶刷白

石膏装饰假梁　　仿古砖夹小花砖斜铺

木线条走边　　　　仿洞石墙砖

木线条装饰框刷白　　　　　　　　灰色乳胶漆

地砖拼花　　　　　　　　石膏板凹凸造型

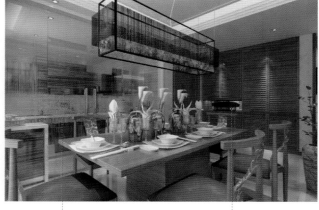

雕花玻璃　　　　　装饰壁龛　　　　　木线条走边　　　　　深啡网纹大理石波打线

餐厅墙上分段挂画

　　餐厅墙上分段挂画的方式更具灵活性，装饰画内容可以是连贯的一幅画，也可以是同一主题的几幅画。横挂或竖挂需根据墙面尺寸或餐桌摆放方向。如果墙面较宽、餐厅面积大，可以用横挂画的方式装饰墙面；如果墙面较窄，餐桌又是竖着摆放，画作可以竖向排列，减少拥挤感。

木线条走边　　　　　　　　　　　　　　　　啡网纹大理石踢脚线

水曲柳饰面板线条收口显纹刷白　　　木搁板

大理石波打线　　　　　　　　　　石膏浮雕

地砖拼花　　　　　　　　　　　石膏浮雕喷金漆

实木线制作角花　　　　　地砖拼花

回纹图案波打线　　　　　大理石雕刻回纹图案

实木护栏　　　　　　　定制餐边柜

木线条走边　　　　　　定制收纳柜

黑镜倒角　　　　　钢化绿玻

仿古砖斜铺　　　　石膏板造型暗藏灯带

灰镜　　啡网纹大理石线条收口

黑白照片组合　　　　木线条走边

银镜　　　定制酒格

定制酒柜　　　　　　　　米黄大理石艺术造型　　　茶镜　　　　　　　　　　仿古砖夹小花砖斜铺

硅藻泥　　　　　　　　　　仿马赛克墙砖斜铺

红砖刷白   墙纸

墙纸   鹅卵石

餐厅利用餐边柜做隔断

　　现在很多房子的格局是把餐厅与客厅放在同一空间里。所以设计师总会在中间增加一个隔断作为空间的界定。这时餐边柜就成了隔断最好的形式。作为隔断的餐边柜，往往采用许多空格的设计，这样可以很好缓解柜子产生的拥堵感，无论是放置装饰品还是放置一些餐具，预留的空间会带来许多通透性。

纹大理石　　　　　　　　黑白照片组合

木搁板　　　　　　　　　橡木饰面板

啡网纹大理石踢脚线　烤漆玻璃

啡网纹大理石线条装饰框　　　　　马赛克拼花

实木护墙板   地砖拼花

银箔   仿洞石墙砖

装饰挂画组合   嵌入式餐边柜

木线条装饰框刷白   墙纸

定制餐边柜   石膏板造型暗藏灯带

回纹图案木雕　　　　　　　　　　　　　　　　　　　黑白根大理石波打线

实木雕花　　　　回纹线条波打线

定制餐边柜   装饰挂镜

大理石护墙板   石膏浮雕喷金漆

银镜倒角   石膏装饰假梁

石膏板造型暗藏灯带   艺术鱼缸

石膏板造型暗藏灯带   地砖拼花

墙纸   定制收纳柜

石膏板造型暗藏灯带   米黄色抛光砖

石膏板吊顶勾黑缝   仿石材墙砖

木线条造型刷白   灰镜倒角斜铺

如何选购合适的餐边柜

在买餐边柜时应重视其本身的实用功能，要满足放置一般的酒具、茶具及少量的杯盘等，同时也需要有展示的位置，因为一些酒具和酒瓶本身就是精美的艺术品。由于存放的是易碎品，所以餐边柜的牢固性非常重要。同时，五金件的选配也很重要，抽屉推拉顺手、柜门开关顺畅、餐具取放方便，都是购买时需要认真考虑的因素。

石膏板造型暗藏灯带　　　深啡网纹大理石踢脚线

中式木质造型隔断　　　黑胡桃木饰面板

灰镜　　　木纹墙砖

仿古砖　　　装饰木梁

实木护墙板　　　　　　　　　　　石膏浮雕

地砖拼花　　　　石膏板挂边　　　　白色护墙板　　　　石膏板造型暗藏灯带

木纹墙砖　　　　木线条走边刷金漆　　　　石膏板造型暗藏灯带　　　　银镜倒角

定制展示柜　　　　彩绘玻璃

木线条走边　　　　啡网纹大理石波打线

地砖拼花 石膏板造型刷金漆

水曲柳饰面板装饰框显纹刷白 墙纸

氏　　　　石膏板造型拓缝

黑白照片组合　　　　　　嵌入式餐边柜

石膏板造型拓缝　木搁板

木线条打方框刷金箔漆　　大理石罗马柱

布艺软包　　　　　玫瑰金不锈钢线条走边

木搁板　　　　　　　文化砖

石膏板造型暗藏灯带　　米黄大理石装饰垭口

木饰面板装饰垭口　　　啡网纹大理石波打线

墙纸　　　　　　　白色护墙板

石膏板挂边　　　　　　仿古砖

厨房 Kitchen

厨房设计重点

厨房的功能布局

厨房依据功能可分为贮存、准备和烹饪三个工作区。

1. 贮存区：功能是贮备食品和餐具，包括冰箱和存放各类餐具的橱柜。为使操作顺畅、方便，贮存区应尽可能靠近入口。

2. 准备区：功能是进行洗菜、切菜、配料等预备工作和洗碗、清理残渣，需方便取物和放置碗碟。为便于采光，洗涤盆一般应布置在靠近窗户处。

3. 烹饪区：功能是食品的烹饪，需配置灶具、炊具柜、通风排烟装置及放置调味品的搁板或吊架，最好靠墙设计。

为了使厨房内操作方便，三者之间距离应短、人在其中走动的路线应尽量不重复，同时三个工作区又要保持合理间距，避免互相干扰。

厨房的功能布局以方便操作为重点

厨房设计的细节

一是水池的细节问题，在宽度上不应过窄，在设计上最好与操作台连在一起，上方的吊柜高度也要精细测量，否则会增加劳动强度。

二是台面的宽度与吊柜的宽度有一定的比例，设计时应当注意，否则操作时可能会碰头。

三是吊柜的开启方式最好是上掀式的柜门，方便又实用。

四是底柜柜体的布置最好多选用抽屉，这样储物较多，而且一目了然。小厨房的吊柜可以使用玻璃门或带玻璃边框的，这样在视觉上不会感到压抑。

厨房设计注意尺寸比例的细节

厨房色彩设计

1. 一般来说，浅淡而明亮的色彩，可以扩大厨房在视觉上的空间感；纯度低的色彩，可以使厨房显得温馨、亲切、和谐。偏于暖色调的颜色，使厨房空间气氛显得活泼、热情，而且可增强食欲。

2. 朝北的厨房可以采用暖色来提高室温感；朝东南的厨房阳光足，就应当采用冷色凸显降温感。如果厨房过于高，可以用深色处理以增加收缩感，使之看起来不那么高，如果层高过低则适宜用浅色。

厨房采用清新淡雅的色调可以让人心情舒畅

厨房照明设计

首先，灯光的亮度要高，而且照出来的灯光必须是白色的，否则会影响对食物颜色的判断，以至食物是否做熟也辨不出来；其次，要避免灯光产生阴影干扰烹饪，所以不适宜使用彩色灯和射灯；此外，鉴于冰箱、微波炉、烤箱、电压力锅、电磁炉等可能会在厨房中同时使用，要多预留些接地型插孔，且均需安装漏电保护装置。

厨房中的灯光不能影响对食物颜色的判断

厨房台面设计

厨房台面应尽可能根据不同的工作区域设计不同的高度，以免带来不便或让使用者感觉麻烦、劳累。例如，有些台面位置低些会更好，比如很喜欢做面点的家庭，那么常用来制作面点的操作台可将高度降低10cm。但是，在橱柜的设计中也不能过分追求高低变化，特别是在较小的厨房中，过多的变化会影响整体的美观，因此要根据日常需要进行合理安排。

厨房操作台的高度宜适中

厨房地面设计

厨房的地面装饰主要把握两点：防滑和易清理。首先要注意拼缝不要过大，否则容易积藏污垢，不方便打扫。在材质方面，表面略有凹凸或经过防滑处理的地砖最合适，比如亚光防滑的釉面砖。在规格选择上，最好不要超过350cm×350cm，否则规格太大地面不好找平，不好装地漏，而且也不方便做斜坡处理，将来在使用中容易积水。厨房地砖目前比较通行的规格主要是300cm×300cm或330cm×330cm。

厨房应选择防滑和易清理的地砖

厨房设计形式

狭长形的厨房设计

　　1. 空间不大、开间狭窄的厨房可以采取一字形的布局，即依照两面狭长的墙体中的一面摆放一字形柜体和其他电器用具，将开门的位置设置在面宽方向，这样对面宽要求不高，最窄可以只有1.5 m。一字形的厨房还应尽量运用上方的空间悬挂吊柜和搁架，以便于物品收纳。

　　2. 如果空间条件允许，也可将与厨房相邻的空间部分墙体打掉，改为半开放的吧台形式的矮柜，增加使用面积。

一字形布局的厨房设计

接近正方形的厨房设计

　　接近正方形的厨房可采用L形布置，这种方法能有效利用墙面，操作省力方便，可布置尺寸较长、数量较多的家具和用具。在这种布局中，洗池在厨房的一侧，炉灶偏里靠侧墙，池灶之间以案桌相连。这样的厨房布置顺序明确，洗、切、烧互不相扰，面积虽小，却井然有序。

L形布局的厨房设计

开间较宽的厨房设计

　　开间较宽且没有阳台相连的厨房适合U形布局，这是厨房基本功能发挥最充分的一种布置。U形厨房工作区共有两处转角，和L形的功用大致相同。在具体布局上，水槽最好放在U形底部，并将配膳区和烹饪区分设两旁，使水槽、冰箱和炊具连成一个正三角形。U形之间的距离以120~150cm为佳，使三角形总长、总和在有效范围内，即房间的开间必须达到2.2m以上。此设计可增加更多的收藏空间。

U形布局的厨房设计

两门相对的厨房设计

　　厨房两面相对的墙壁上都出现门或窗的话，可以沿着那两面没有开门或窗的墙壁建立两排实用的工作和储物区域。值得注意的是，在这种设计里，两排相对的柜子之间也至少需要保持 120cm 的间距，以确保有足够的走动空间以及柜门、抽屉的开启空间。对于窄小的空间来说，可以一排选择深度为 60cm 的柜子，另一排选择深度为 35cm 的柜子，尽量避免两排柜门无法同时开启的尴尬。

平行布局的厨房设计

开放式的厨房设计

　　开放式厨房最好能有较大的窗户，这样可以确保良好的通风性，也能减少室内的油烟味，还能保证室内的通透性。餐厅的墙面、地面最好选用地砖、强化地板等容易清洁的材料，切忌铺贴实木地板。厨房、餐厅的家具无论是定做还是购买，式样一定要选择简单的，切忌选择雕刻烦琐的中式家具、藤编、柳编类家具和布艺沙发及餐椅，以便于清洁。

开放式布局的厨房设计

厨房采用石膏板造型吊顶

　　很多家里厨房间的吊顶就是普通的铝扣板。但如果做成开放式厨房，铝扣板吊顶似乎跟其他区域的吊顶不太协调，所以厨房也可以采用石膏板造型的吊顶，但需要注意的是需要把油烟机的排烟管事先预埋在吊顶内。

杉木板吊顶　　　　　仿古砖斜铺　　　　　　　石膏板造型　　　　　木格栅

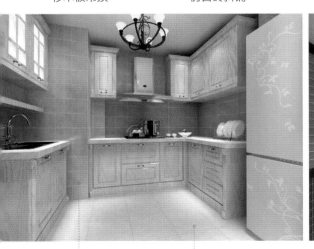

仿古砖铺贴　　　　米白色地砖　　　　　　花砖腰线　　　　　仿古砖

石膏板吊顶   米白色地砖

石膏板吊顶暗藏灯带   仿古砖斜铺

仿古砖   仿古砖斜铺   米白色墙砖拉槽   仿古砖

集成吊顶　　　　　仿古砖铺贴

深灰色墙砖　　　　　石膏板吊顶抽缝　　　仿古砖

米黄色地砖   仿石材墙砖

斑马纹饰面板   仿洞石墙砖   马赛克腰线   集成吊顶

嵌入式的厨房电器节省空间

嵌入式的厨房电器，不仅可以减少台面占用空间，而且也有利于厨房的清洁。一般厨房电器在装修设计的时候就要考虑好电线的排放位置，也要考虑好厨房排放的电线容量，因为厨房的用电器大多为大功率的，所以建议这里可以排 4 平的电线。

装饰木梁　　　　　双色仿古砖相间斜铺

木搁板　　　　　　　　　　米白色地砖

装饰腰线　　仿水石膏板吊顶

花砖波打线　　　　　　　石膏板造型

实木地板　　　仿古砖

仿古砖　　　　　　仿洞石墙砖

仿古砖 米白色墙砖

仿古砖 石膏板吊顶拓缝

木搁板 仿石材墙砖

双色仿古砖相间铺贴　　　　　石膏板挂边

人造大理石台面　　　　　白色条砖

合理选择橱柜台面材料

　　厨房橱柜台面的选择相当有讲究。一是注意其颜色款式，二是注意其材质。台面的常用材质有人造石、石英石两种，人造石具有性价比高、耐擦洗的优点，而石英石则具有高硬度、耐高温、不渗色等多种优点，因此价格不菲，业主应根据自身情况选择较为合适的材料。

杉木板吊顶刷白　　　　仿古砖斜铺

杉木板吊顶　　　　仿洞石墙砖

仿古砖铺贴　　　　花砖

米黄色地砖　　　　人造大理石台面

烤漆柜门　　　　　　　石膏板吊顶暗藏灯带

地砖拼花　　　　　装饰腰线

灰色墙砖拉槽　　石膏板吊顶暗藏灯带

仿古砖　　　仿古砖夹小花砖斜铺

集成吊顶　　　米白色墙砖

卫浴间
Bathroom

卫浴间的功能格局

卫浴间的功能格局应合理布置

卫浴间的功能格局直接关系到空间的使用率，因此，合理地安排面盆、坐便器、淋浴间、储物柜、通道，则显得尤为重要，尤其是对小户型卫浴间而言。其中，从卫浴间门口开始，按高矮顺序逐渐深入，由低到高布置面盆、坐便器、淋浴间最为关键。洗手台向着卫浴间的门，坐便器紧靠其侧，把淋浴间设置在最里端的布局方式最为理想，无论从使用、功能还是美观上讲都是最科学的，当然，如果选择干湿分区的布局，那么一定要把面盆、坐便器、通道与沐浴区分开，尽量在确保通道的前提下，合理地安排面盆和坐便器的位置。

卫浴间色彩设计

在色彩搭配上，卫浴间的色彩效果由墙面、地面材料、灯光等共同营造。卫浴间的色彩以清洁感的冷色调为佳，搭配同类色和类似色为宜，如浅灰色的瓷砖、白色的浴缸、奶白色的洗脸台，配上淡黄色的墙面。也可用清晰单纯的暖色调，如乳白色、象牙黄色或玫瑰红色墙面，辅助以颜色相近的、图案简单的地砖。另外，卫浴间大胆使用黑白色，以绿色植物作点缀，可平添不少生气。

冷色调的卫浴间表现出清爽感

卫浴间照明设计

盥洗区墙上安装壁灯满足此处的照明需求

一般来说，卫浴间面积较小，整体选择白炽灯，化妆镜旁设置独立的照明灯是不二的首选。有些业主将镜子周围设置一圈小射灯，虽然美观，但射灯的防水性稍差，只适合于干湿分离的卫浴空间。而对面积较大的浴室，可在盥洗盆的镜上或墙上安装壁灯，使用间接灯光造成强烈的灯光效果。

如果要安装顶灯，最好在面盆、坐便器、浴缸和花洒的顶位各安装一个筒灯，使每一处关键部位都能安心使用。多数浴柱在顶部喷头附近设置了柔和的灯光，淋浴区无须再分装照明灯，即使浴帘遮住部分卫浴间的灯光，洗浴的采光也不受影响，可谓一举两得。

卫浴间浴缸设计

浴缸布置形式有搁置式、嵌入式、半下沉式三种。搁置式即把浴缸靠墙角搁置，这种方式施工方便，容易检修，适合于在楼层地面已装修完的情况下选用。嵌入式是将浴缸嵌入台面里，台面有利于放置洗浴用品，但其占用空间较大。半下沉式是把浴缸的三分之一埋入地面下或者埋入带台阶的高台里，浴缸在浴室地面上或台面上约为 400mm，与搁置式相比嵌入浴缸进出轻松方便，适合年老体弱者使用。现在使用较广泛。

半下沉式的浴缸布置形式

搁置式的浴缸布置形式

卫浴间盥洗台设计

台盆柜形式的盥洗台

1. 独立式。造型美观、占地面积小，便于维修，适合空间不大的卫浴间。但它需要配备镜柜或盥洗架，以便摆放一些洗漱用具及化妆品等。

2. 台式。它的台面上可放洗漱用具，下面的柜子还能放杂物，但至少要占据一张小课桌的空间。

3. 如果卫浴间面积不大，也可以考虑在墙角安装一种三角形的盥洗池，池子的上方可挂一个三角的杂物架，以存放洗涤用品。

卫浴间设计形式

狭长形的卫浴间设计

设计一字形或 L 形这类狭长形的卫浴间，应避免狭窄空间给人造成的压抑感，建议以较窄墙面为设计核心，将空间化整为零，同时避免在较宽的墙面设置过多的洁具或家具。具体方法有以下两个：

一是在装修时将淋浴区的墙壁做加强型的防水处理，利用浴室一端的小空间形成特有的淋浴区域，简单地设置花洒等淋浴设施，无须再单独购买淋浴房。

二是在卫浴间一端设立盥洗卫生区，选择有定制服务的浴室家具品牌和浴室家具，以使尺寸合适，尽量选择小巧型的坐便器和洁身器，或无水箱的设计。

狭长形的卫浴间设计

正方形的卫浴间设计

正方形的卫浴间虽然方便设计和布置，但易造成空间的浪费。主要是由于大多数卫浴洁具都必须依墙而立，中部空间反而被空置了，在不影响活动空间的前提下，应该想办法使卫浴间变得更加紧凑。因此，加设假墙将有利于解决这一问题：

正方形的卫浴间设计

一是利用假墙将卫生区域隐藏起来，既能确保此区域的私密性，又可以让浴缸在假墙的作用下相对独立，令卫浴间的功能性得到加强。

二是利用假墙将盥洗区独立出来的设计既符合普遍的审美准则，又可将卫浴间中部的剩余空间充分利用，是个一举多得的好方法。

开放式的卫浴间设计

现在不少公寓的主卧室里都带有卫浴间，很多业主都选择将卫浴间打造成开放式的格局。它们或者完全开放，或者通过玻璃、布艺等隔断来略加掩映，做成半开放式。虽然开放式的布局可以让整个房间看起来更大更通透，也可以凸显出主人时尚的品位，但是也有一定的局限性和缺点，比如沐浴时潮湿和雾气对房间其他家具的影响等。所以，想做此尝试的业主一定要考虑全面。

套间布局的卫浴间设计

设计套间布局的卫浴间就是把洗手盆和储物柜独立出来，组合成"外间"，而"里间"就是坐便器和淋浴间，这样做的话非常有利于干湿分区、功能分区，既减少了潮湿所带来的不便，也减少了高峰期的互相干扰。但这种布局比较适合进深够大的空间。

开放式卫浴间设计

套间布局的卫浴间设计

利用镜柜收纳洗浴用品

　　如果卫生间的空间比较小，可以考虑在台盆柜的上方现场制作或定做一个镜柜，柜子里面可以收纳大量卫浴化妆的小物件镜柜，通常在现代风格里面用得比较多。通常做镜柜的话就不用安装镜前灯了，可在镜柜的上下方藏入光带，还可以在台盆柜的正上方添置射灯。镜柜的深度一般为 200mm，离台盆柜的高度在 400~450mm 之间。

灰色墙砖　　　　　　　　黑白根大理石雕刻回纹图案

人造大理石台面　　　　　　　　皮纹砖

装饰腰线　　　　　　　　人造大理石台面

啡网纹大理石波打线　　　　黑白根大理石倒角

蓝色烤漆面板　　　　　　　　装饰腰线

马赛克铺贴　　集成吊顶

仿石材地砖　　　　　　米黄色墙砖　　　　　啡网纹大理石线条　　透光云石

斑马纹饰面板　　　　　　　　　　　地砖拼花

仿石材墙砖斜铺　　　　　　　　　　深啡网纹大理石线条

木纹地砖　　　　　　　　　　　木纹墙砖

仿水石膏板造型　　　　米黄墙砖斜铺　　　　木搁板　　　啡网纹大理石

确定卫生间淋浴房的尺寸

　　如果卫生间面积足够大的话，淋浴房的空间也尽量设计得大一点，最好维持在人正常转身的尺寸以上。一般家庭的淋浴房分为方形和扇形两种，高度为2m，定制时可以根据实际情况加高或者降低高度。淋浴房的玻璃门扇一般有 5mm 和 8mm 两种钢化安全玻璃。

仿大理石墙砖拉槽　　　　　　集成吊顶

米黄色墙砖　　　双色仿古砖相间铺贴

仿石材墙砖　　　　黑白根大理石波打线

马赛克拼花　　防水石膏板造型暗藏灯带

仿洞石墙砖　　　　　集成吊顶

装饰腰线　　　　　地砖拼花

波打线　　　　　艺术墙砖

大理石护墙板　　　　　墙纸

装饰壁龛   大理石壁炉

陶瓷马赛克   地砖拼花

人造大理石台面　　　　　　　　　　　　　　　　　　　　　　　木地板上墙

仿石材墙砖　　　　定制吊柜　　　　　　石膏板造型暗藏灯带　　　　　仿石材墙砖

卫浴间的腰线设计

卫浴间用到腰线是比较常见的一种做法，但是腰线的高度很有讲究。腰线高过窗台，在窗户处就会断掉，没有连续性；腰线低过台盆的后挡水高度，就会被洗手台遮掉。有些立体腰线还会影响洗手台的安装，所以腰线的高度宜尽量高过洗手台，低于窗台。

仿古砖斜铺　　　　　　　装饰腰线

地砖拼花　　　　　马赛克拼花　　　　　米黄色墙砖　　　　　大理石踢脚线

木纹墙砖　　　　　马赛克铺贴　　　　　悬空台盆柜暗藏灯带　　米黄大理石装饰柜

装饰壁龛　　　　　艺术墙砖　　　　　仿马赛克墙砖　　　　　装饰腰线

如何选择卫浴间的墙地砖颜色

卫生间采用浅色墙地砖可以增加空间的亮度，但是易脏与难清理等问题也随之而来，所以在自然光照要求不是特别高的卫生间里，选用深色墙地砖无疑是一个不错的选择，在很好解决难打理问题的同时，搭配白色的釉面洁具，更增添一分神秘。但注意深色砖的填缝很容易看起来很脏，一般都需要经过美缝处理，不过价格比较贵。所以，建议业主在装修完以后再进行填缝，填缝剂里加些乳白胶，可以有效地防止白缝变黑缝。

石膏板造型暗藏灯带　　　仿石材墙砖

悬空台盆柜暗藏灯带　　　　　木纹墙砖

玻璃搁板　　　　地砖拼花

钢化玻璃移门　　　悬空台盆柜暗藏灯带

玻璃搁板　　　　　　　　　仿大理石墙砖拉槽

雕花银镜　　　　　　装饰壁龛　　　　　　陶瓷马赛克　　钢化玻璃移门